DEUX ETUDES DU CORPS DANS LA SCIENCE-FICTION

© 2017, Jérôme Goffette
Editeur : BoD – Books on Demand,
12/14 rond-point des Champs Elysés, 75008 Paris
Impression : BoD – Books on Demand, Allemagne

ISBN : 9 782322 138159

Dépôt légal : mars 2017

Couverture : © 2017, Jérôme Goffette

Jérôme Goffette

Deux études du corps dans la science-fiction

essai

Livre publié sous label académique « AAH »

Chapitre 1

Le corps saisi de l'intérieur : de Claude Bernard au *Voyage Fantastique* de Richard Fleischer

Ce texte a été précédemment publié sous cette référence :

> Goffette Jérôme (2007) : « Le corps saisi de l'intérieur, de Claude Bernard au Voyage fantastique de Richard Fleischer », pp. 343-365, *in* Fintz Claude (dir.), *Les imaginaires du corps en mutation : du corps enchanté au corps en chantier*, Paris, L'Harmattan.

> Dans ce drame de la géométrie intime, où faut-il habiter ?
> Gaston Bachelard, *La Poétique de l'espace*, ch. IX, p. 196.

Lorsqu'on parle du corps, l'image[1] qui se donne à nous en premier est celle d'un corps vu de l'extérieur. Lorsqu'on parle de corps enchanté, une touche nouvelle intervient, celle d'une sorte de vertu intime, de rayonnement, de transfiguration. Une géométrie centrifuge se donne à voir ; l'intime s'extériorise dans l'ineffable. Enfin, lorsqu'on parle de *corps en chantier*, l'image est encore autre. La rêverie du chantier se met à résonner, une rêverie de la construction, une rêverie d'un habitat à demi-bâti, aux ossatures apparentes, qui, appliquée au corps, invite à une vision concrète de l'intérieur du corps. Nous voudrions nous attacher ici à cette mise en vision de l'intérieur du corps.

Or, en premier lieu, il convient de remarquer que cette vision ne va pas de soi. Voici par exemple les échos qu'elle suscite chez Gilbert Durand :

> Avant tout, c'est la teinte sombre des grands archétypes de la peur qui l'emporte sur le côté « moelleux » de l'aventure intérieure. [Les orifices du

---

[1] Concernant l'image et l'imaginaire du corps, cf. Fintz (Claude) (dir.) : *Les Imaginaires du corps : pour une approche interdisciplinaire du corps*.

corps] sont bien les portes de ce labyrinthe infernal en réduction que constitue l'intériorité ténébreuse et sanglante du corps.[2]

Ainsi, deux visions de l'intérieur du corps se disputent la prééminence, celle du corps « moelleux », le corps doux, tiède et rond ; et celle, finalement dominante, du corps sanglant, effroyable, infernal. Ici, la vision de l'intérieur du corps est sous l'emprise de la terreur devant l'effraction qu'elle suppose : ouvrez un corps et la vie s'en échappe. Par conséquent, nous sommes confrontés à un triple obstacle : obstacle sensible de l'obscurité et de l'occulte, obstacle affectif de la peur infernale, obstacle symbolique de la mort et de son présage sanglant. A cet égard, l'anatomie, première grande saisie concrète de l'intérieur du corps, n'apporta remède qu'à l'obscurité. Sa forme la plus influente, le *De humani corporis fabrica* (livre septième) d'André Vésale, publié en 1543, est une mise au jour de l'intériorité corporelle comme on pelle un oignon : de l'écorché jusqu'au squelette, exposition méthodique dévoilant ce que dissimulait l'obscurité des chairs. L'anatomie reste sanglante ; de même, elle reste horrifique et cadavérique ; la vie intérieure et le « moelleux » lui échappent.

Plus tard, les microscopies amorcèrent un nouveau changement. Certes les micrographies de Robert Hooke[3] se penchèrent sur un monde qui n'a que peu à voir avec le corps, mais la découverte des globules rouges par Jan Swammerdam et des spermatozoïdes par Antoni van Leeuwenhoek montrèrent une intériorité vivante, non plus horrifique mais mirifique dans son inattendu : les liquides vivants, qu'on voyait homogènes, se révélèrent composites, peuplés de formes inédites. Toutefois, il s'agit d'une vision de l'intérieur du corps qui reste partielle, et qui s'effectue hors du corps.

Nous voudrions ici nous attacher à un autre grand moment dans le changement de vision de l'intérieur du corps, à savoir la physiologie de Claude Bernard, et plus précisément sa théorie du milieu intérieur, rendue publique en 1867, mais déjà présente dans ses cahiers de travail depuis 1851 comme le montre Mirko Grmek[4]. Ce dernier souligne, de plus, que cette théorie ne commencera à être reprise que deux décennies après sa publication. Pourtant, aujourd'hui, elle paraît évidente à tout biologiste. Elle a même largement diffusé dans la population. Cela pose deux types de questions. Pourquoi cette vision n'allait-elle pas de soi pour

---

[2] Durand (Gilbert), *Les Structures anthropologiques de l'imaginaire*, Livre premier, Première partie, ch. III, pp. 132-133.

[3] Hooke (Robert) : *Micrographia*.

[4] Grmek (Mirko) : *Le Legs de Cl. Bernard*, pp. 124-125.

Cl. Bernard et ses contemporains ? Qu'avait-elle de si insolite, de si révolutionnaire qui fît à ce point obstacle ? Par ailleurs, comment s'est finalement opéré le phénomène d'acceptation, de diffusion, de reprise, de modification du regard ? Ce double jeu de question nous conduira à une réponse en deux volets, le premier, épistémologique, reviendra sur l'histoire des sciences, tandis que le second abordera la question du rôle de la science-fiction comme vecteur d'une vision, avec Maurice Renard et surtout *The Fantastic Voyage* de Richard Fleischer.

1. Claude Bernard : une révolution du regard

C'est en 1865, après un silence de six ans, que l'expression « milieu intérieur » apparaît dans une publication de Cl. Bernard, l'*Introduction à l'étude de la médecine expérimentale*[5], puis, en 1867 dans le Rapport sur les progrès et la marche de la physiologie générale en France. Toutefois, cette idée directrice était présente dès 1851[6]. Bien entendu, pendant ces quatorze années, l'idée ne cesse de s'affirmer, au point qu'elle devient un véritable paradigme pour la médecine expérimentale :

> La science antique n'a pu concevoir que le milieu extérieur ; mais il faut, pour fonder la science biologique expérimentale, concevoir de plus un milieu intérieur. [...] Ce n'est qu'en passant dans le milieu intérieur que les influences du milieu extérieur peuvent nous atteindre [...]. C'est là le vrai milieu physiologique, c'est celui que le physiologiste et le médecin doivent étudier et connaître, parce que c'est par son intermédiaire qu'ils pourront agir sur les éléments histologiques qui sont les seuls agents effectifs des phénomènes de la vie. [...] L'organisme n'est qu'une machine vivante construite de telle façon qu'il y a, d'une part, une communication libre du milieu extérieur avec le milieu intérieur organique, et, d'autre part, qu'il y a des fonctions protectrices des éléments organiques pour mettre les matériaux de la vie en réserve et entretenir sans interruption l'humidité, la chaleur et les autres conditions indispensables à l'activité vitale. [...] En un mot, les phénomènes vitaux ne sont que les résultats du contact des éléments organiques du corps avec le milieu intérieur physiologique ; c'est le pivot de toute la médecine expérimentale.[7]

En fait, ce paradigme du milieu intérieur modifie de façon multiple le regard porté sur le vivant, avec plusieurs caractéristiques remarquables.

---

[5]Bernard (Claude) : *Introduction à l'étude de la médecine expérimentale* (1865), Partie 2, Ch. Premier, III.
[6]Grmek (Mirko) : *op. cit.*, pp. 124-125.
[7]*Ibid.*, pp. 156-157.

Miniaturisation du regard

En premier lieu, pour Cl. Bernard, il faut se défaire de notre approche macroscopique pour miniaturiser notre vision. A l'évidence il s'agit là l'un des effets majeurs de l'observation au microscope, qui projette le regard et le place dans un environnement d'une taille bien inférieure à l'organe visuel de l'observateur, ce qui peut paraître invraisemblable énoncé ainsi mais se résout spontanément dans l'habitude technique. Observer au microscope, c'est se défaire de la vision macroscopique, familière, et adopter une sorte de capacité projective à être dans un ailleurs dont on sait, plus qu'on ne voit, qu'il est constitué sur une différence d'échelle.

Déplacement du regard : « voir » de l'intérieur

Mais le plus surprenant n'est pas la miniaturisation du regard, mais l'usage qui en est fait. Le microscopique se trouve en effet prolongé et amplifiée en un véritable jeu de perspective :

> Si nous pouvions être un globule de sang, nous verrions que les propriétés de chaque tissu sont en rapport avec le milieu sanguin, mais nous n'y sommes pas.[8]

« Si nous pouvions être un globule de sang... » : cette formule exprime à elle seule le travail d'imagination de Cl. Bernard. Il s'agit bien d'un effort d'imagination, d'un travail de mise en image. La difficulté est à la fois perceptive et figurative, combinant le décentrement qui consiste à se défaire de sa propre perspective et le recentrement par lequel on se place du point de vue de la cellule vivante. Cl. Bernard, devant les difficultés à se faire comprendre par ses collègues naturalistes et physiologistes, a conscience de cela. M. Grmek souligne que c'est seulement vers 1885, et surtout après 1900, que l'expression fera fortune[9]. Dans une note de 1867, que reproduit M. Grmek[10], Cl. Bernard explique l'incompréhension à laquelle il se heurte par une difficulté des naturalistes à changer de perspectives : habitués qu'ils sont à des comparaisons entre les espèces actuelles, ou à des comparaisons archéologiques, il y aurait pour eux une difficulté à passer de ce regard du dehors à un regard du dedans. Comment faire admettre qu'il faut choisir comme point de perspective non plus soi-même, mais un point fictif à l'intérieur de l'organisme ? Les règles de constitution de l'image, celles de la

---

[8]Grmek (Mirko) : *op. cit.*, p. 139.
[9]*Ibid.*, p. 168.
[10]*Ibid.*, p. 168.

perspective à la façon de la Renaissance, sont ici transgressées par un déplacement fictif dans l'objet regardé lui-même.

> Il faut dans les sciences des êtres vivants créer une science du milieu intérieur qui est la vraie physiologie expérimentale. Là nous sommes dans l'organisme comme nous sommes dans le monde.[11]

« Nous sommes dans l'organisme comme nous sommes dans le monde » : il s'agit bien d'un transfert analogique du regard. Le regard du physiologiste sur le milieu intérieur doit être similaire à notre regard d'individu sur notre monde environnant.

Emboîtements de perspectives

De plus, cette difficulté perceptive et cognitive s'accroît, puisqu'il la redouble par une construction en abîme :

> L'animal le plus inférieur a son milieu organique propre ; un infusoire possède un milieu qui lui appartient, en ce sens que, pas plus qu'un poisson, il n'est imbibé par l'eau dans laquelle il nage. Dans le milieu organique des animaux élevés, les éléments histologiques sont comme de véritables infusoires, c'est-à-dire qu'ils sont encore pourvus d'un milieu propre, qui n'est pas le milieu organique général. Ainsi le globule du sang est imbibé par un liquide qui diffère de la liqueur sanguine dans laquelle il nage.[12]

Cl. Bernard retrouve ici les conceptions monadologiques de G. W. Leibniz, avec ses éléments qui sont des mondes pour des éléments qui sont des mondes[13], etc. — inversion des mondes astronomiques emboîtés. Les milieux intérieurs s'emboîtent les uns dans les autres. Le milieu intérieur, ce n'est pas le sang, ou la lymphe, mais avant tout une idée, une conception physiologique par laquelle il faut faire l'effort de considérer le milieu, quel qu'il soit, dans lequel « nage » l'élément considéré.

Une vision physiologique, vivante

Les écrits de Cl. Bernard montrent son insistance à présenter la théorie du milieu intérieur comme la clef pour fonder une physiologie, une science de la vie en tant que telle. En voici un exemple :

> Il faut, pour fonder la science biologique expérimentale, concevoir [...] un milieu intérieur. [...] Le milieu cosmique en général est commun au corps vivants et aux corps bruts, mais le milieu intérieur créé par l'organisme est

---

[11]Grmek (Mirko) : *Le Legs de Cl. Bernard*, p. 169.
[12]*Ibid.*, p. 158.
[13]Leibniz (Gottfried Wilhelm) : *La Monadologie* (1714), § 67, p. 180.

spécial à chaque être vivant. Or, c'est là le vrai milieu physiologique [...] [où] sont les seuls agents effectifs des phénomènes de la vie.[14]

La « science biologique », la science des « corps vivant » et des « phénomènes de la vie » est dans une impasse tant qu'elle demeure dans la vision ordinaire, extérieure, par laquelle les choses inertes et les êtres vivants ont parfois bien du mal à se distinguer. Pour s'accomplir, elle doit saisir la vie au plus intime, dans le « milieu organique » lui-même. La vision du milieu intérieur tranche ici radicalement avec l'anatomisation des cadavres ou avec la naturalisation des specimen : elle veut être une vision de la vie quand la vie est présente, une vision de la vie dans son dynamisme et ses mécanismes, une vision vivante.

Un paysage aquatique

L'une des conséquences des changements qui précèdent est un bouleversement radical de l'image. En demandant à voir du dedans, et à voir le vivant dans son fonctionnement, il ne s'agit plus d'observer un objet, mais de contempler un paysage. De plus, il ne s'agit pas d'un paysage ordinaire, mais d'un paysage aquatique. Cl. Bernard a pleinement conscience de cette résonance marine ou aquatique :

> Nous sommes comme les gens qui mesurent les conditions de l'air pour faire des expériences sur des poissons dans l'eau. Nos tissus ne reçoivent pas plus l'influence de l'air que les poissons. Nos tissus sont aquatiques comme les poissons. Ils meurent quand on les met à l'air. Si nous pouvions être un globule de sang, nous verrions que les propriétés de chaque tissu sont en rapport avec le milieu sanguin.[15]

En fait, on peut ici se souvenir de la création des premiers grands aquariums (le Musée océanographique aquarium de Monaco est créé en 1910, mais au XIXe siècle nombre de museum présentaient déjà des spécimens naturalisés et des planches sur la vie marine) et de la publication en 1870 d'un des plus célèbres livres de Jules Verne, 20 000 lieues sous les mers. L'époque commence à regarder la mer non plus comme cette surface traître à laquelle les travailleurs de la mer arrachent leur subsistance, mais comme un paysage fabuleux.

---

[14] Grmek (Mirko) : *op. cit.*, pp. 156-157.
[15] *Ibid.*, p. 139.

Le sang : milieu composite, milieu chimique, lieu de régulation et de distribution

Une sixième transformation du regard, vis-à-vis du regard ordinaire, est l'accentuation de la prise en compte de la complexité physiologique. En premier lieu, en faisant voir le milieu intérieur comme un paysage, c'est à la fois une unité et une disparité qui se donnent à voir. Le sang, que la vision commune perçoit comme un fluide homogène, rouge, était déjà perçu comme un fluide composite (ne serait-ce que par la séparation du sérum), mais Cl. Bernard nous place littéralement *à hauteur de globule rouge*, dans une vision micrométrique. En second lieu, le composite ne s'arrête pas aux éléments cellulaires. Cl. Bernard développe toute une saisie physico-chimique de ses constituants, que ce soit par les taux de glucoses, ou par la diffusion des toxiques. Le sang est un fluide porteur de cellules (globules rouges et blancs) mais aussi de substances chimiques. En troisième lieu, la vision physiologique du sang est par excellence, chez l'auteur du concept d'homéostasie, une vision de sa fonction distributrice et régulatrice. Le milieu intérieur n'est pas un fluide amorphe et inerte, mais une interface d'ajustement des cellules vivantes aux conditions extérieures variables. Le milieu intérieur est par essence un milieu intermédiaire au sens où il a vocation à neutraliser l'effet des changements du milieu extérieur et à assurer un milieu stable aux cellules.

Un milieu produit par l'organisme

Il découle du dernier point un aspect peu apparent de cette théorie : à la différence du milieu extérieur, indépendant de l'organisme, le milieu intérieur en est le produit.

> Le milieu intérieur [...] est un véritable produit de l'organisme, [il] conserve des rapports nécessaires d'échange et d'équilibre avec le milieu cosmique extérieur ; mais à mesure que l'organisme devient plus parfait, le milieu organique se spécialise et s'isole en quelque sorte de plus en plus du milieu ambiant.[16]

Voici donc un milieu produit par l'organisme, c'est-à-dire un environnement issu de ce qui est environné, ce qui n'est pas un mince obstacle épistémologique. Alors que la relation ordinaire au monde souligne son indépendance, le milieu est ici directement dépendant, résultant d'une construction biologique. Cela signifie aussi que si l'on porte atteinte aux cellules, le milieu se dégrade et cesse d'être un milieu physiologique. Avec le milieu intérieur,

---

[16] Grmek (Mirko) : *op. cit.*, p. 155.

l'interdépendance entité-milieu est bien plus forte que d'ordinaire. Ou, pour le dire autrement : le milieu intérieur reste un milieu « intime ».

L'Introduction à l'étude de la médecine expérimentale n'hésite d'ailleurs pas à employer cette consonance de l'intime en parlant de « particules intimes » à propos des cellules et de « milieu intime » à propos du milieu intérieur[17]. Vis-à-vis des deux visions de l'intériorité corporelle proposées par G. Durand, cette reprise de l'intime n'est pas sans entrer en résonance avec le corps tiède et moelleux, plutôt qu'avec le corps sanglant et souffrant. La connotation de la physiologie bernardienne n'a rien à voir avec celle de l'anatomie.

2. Les métamorphoses du regard chez Maurice Renard

Comme le rappela M. Grmek, la théorie du milieu intérieur ne commença à être acceptée et à devenir un véritable paradigme scientifique qu'à partir de 1885 et du début du XXe siècle. L'image et la vision qu'elle porte sont en fait plus ou moins reprises dans la littérature dès 1910-1920, en particulier chez un auteur classique de la science-fiction française, Maurice Renard.

Dans un court roman, L'homme truqué, paru en 1921, M. Renard, fidèle au projet qu'il avait exprimé dès 1909 dans un remarquable article, s'assigne pour tâche de « nous transporte[r] sur d'autres points de vue, hors de nous-mêmes »[18] en rendant compte des effets de « merveilleux-scientifique », comme il nomme ce nouveau genre littéraire qui ne s'appelait pas encore « science-fiction »[19].

Le personnage principal est un ancien soldat rendu aveugle par une blessure. Un savant tente sur lui une implantation de prothèses oculaires électriques. Le héros, Jean, a perdu la vue au sens ordinaire du terme, mais il acquiert peu à peu une vision des phénomènes électriques. Cette capacité déjoue les opacités ordinaires : « Ma stupéfaction ne peut se décrire. Il me regardait à travers la masse opaque du buisson, et ses yeux fixes, ses larges yeux énigmatiques,

---

[17] Bernard (Claude) : *Introduction à l'étude de la médecine expérimentale* (1865), Partie 2, Ch. Premier, III, pp.103-104.

[18] Renard (Maurice) : « Du roman merveilleux-scientifique et de son action sur l'intelligence du progrès », p. 1213.

[19] Chabot (Hugues), Goffette (Jérôme) : « Maurice Renard sous le double regard de la philosophie des sciences et de la philosophie de l'imaginaire ».

luisaient d'une faible luminescence ! »[20]. Aspect déroutant, Jean ne voit plus les autres et leurs corps par leur enveloppe extérieure, mais par le nuage de réactions électriques intérieures :

> Imaginez, continua Jean Lebris, une forme humaine constituée par l'enchevêtrement d'une quantité de fils plus ou moins gros — une sorte de résille incandescente, brûlant d'un feu violet, et reproduisant, par ses entrelacs et ses ramifications aériennes, l'apparence légère et anatomique d'un de nos semblables. On aurait dit un homme construit comme une racine d'arbre lumineuse, un homme branchu, dont le cerveau faisait dans ma nuit un bloc de lumière duveteuse, et dont la moelle épinière s'allongeait, luminescente, comme un tube de Geissler en activité.
>
> Le spectre bougea, ses lignes étaient, pour moi, comme tracées au phosphore sur un tableau noir. Je remarquai entre elles (dont certaines étaient plus ténues que des cheveux) une sorte de nébulosité violâtre qui, remplissant les vides, achevait les contours de la structure et dessinait à l'estompe les masses de l'individu.[21]

M. Renard est sans aucun doute influencé par une autre invention marquante, la radiographie. C'est en effet en novembre 1895 que Wilhelm Röntgen prit ses premiers clichés, dont celui, célèbre, de la main de son épouse : le corps y devient un objet non plus opaque mais semi-transparent, où les os, charpente normalement cachée, sont parfaitement visibles, entourés du halo plus clair de la chair. Ce que fait M. Renard dans L'homme truqué, ce n'est que la transposition du procédé vers une vision des phénomènes électriques, à une époque où IRM (imagerie par résonance magnétique, 1946), échographie (utilisation médicale du sonar, 1952), TEP (tomographie par émission de positrons, 1981) étaient encore dans les limbes.

Même s'il ne s'agit pas d'une mise en scène du milieu intérieur, ce texte s'en rapproche par sa vision du corps humain :

1° par la transparence, l'intériorité du corps est donnée à voir, comme dans une radiographie ;

2° en revanche, ce n'est pas l'image horrifique du squelette qui apparaît, mais une image d'arborescence (l'arborescence du tissu nerveux) ;

3° on peut aussi remarquer que la traduction des phénomènes électriques en impulsions lumineuses fait écho à une métaphore classique, celle de la lumière signifiant la conscience (que nous retrouverons chez R. Fleischer) ;

---

[20]Renard (Maurice) : *L'Homme truqué*, p. 757.
[21]*Ibid.*, pp. 764-5.

4° enfin, cette vision n'est ni la vision mortifère de l'anatomie, ni la vision statique du cliché radiographique, mais une vision physiologique, dynamique, où un aspect de la vie est saisi sur le vif.

En somme, même s'il ne s'agit pas d'un travail de traduction de la théorie du milieu intérieur, le regard électrique de *L'Homme truqué* participe par bien des points à la même évolution du regard. Il ne fait que redoubler le bouleversement produit par la radiographie, en suggérant toute une perspective d'autres regards de l'intérieur du corps, et en s'attachant à un des autres grands systèmes régulateurs, le système nerveux. Qui plus est, il ne se contente pas de transcrire l'innovation scientifique, mais il s'efforce aussi d'en mettre au jour l'effet de merveilleux : ce qui était encore quelques décennies plus tôt une sorte de prodige, de vision incroyable, se transforme petit à petit en une vision acceptable. Les résonances merveilleuses s'estompent, mais le retentissement sur la vie humaine reste encore un bloc de saisissement. Des textes de science-fiction comme *L'homme truqué* montrent la présence d'un cheminement culturel et rendent moins étonnant l'événement du *Voyage fantastique*, en 1966.

3. L'événement du *Voyage fantastique*

C'est en effet à cette date que sort un film à grand spectacle, *The Fantastic Voyage*, réalisé par Richard Fleischer, déjà connu pour une adaptation de *20.000 lieues sous les mers* (1954). *Le Voyage fantastique*, régulièrement diffusé par les télévisions du monde entier, marque sans aucun doute une rupture dans les représentations collectives. Ce qui relevait de la représentation savante, du schéma abstrait, de l'exotisme un peu lointain, devint un territoire d'aventures et se rapprocha d'un lieu commun. Bien que le film souffre de l'effet « guerre froide » et de la propagande américaine, l'aspect spectaculaire, visionnaire, ne s'en trouve pas affecté. La mise en scène, le décor, les effets spéciaux font passer au premier plan la découverte du corps « de l'intérieur », tout en mêlant soucis de véracité scientifique et mise « en sens » symbolique.

Le changement d'échelle

Naturellement, le premier élément spectaculaire est le changement d'échelle. Le sous-marin Proteus et ses passagers sont réduits à une taille micrométrique. La miniaturisation se fait en deux temps par une double réduction environ au millième, procédé qui rend sensible le changement d'ordre de grandeur, alors qu'un saut brutal aurait eu un effet plus abstrait. Après la première étape, le Proteus ne mesure plus que quelques centimètres, vu de l'extérieur, et, vu des passagers, les visages des techniciens paraissent gigantesques. La seconde phase fait intervenir un nouveau contenant, la seringue d'injection. D'abord immense (plusieurs mètres de haut), la seringue est réduite à un modèle ordinaire. *In fine*, l'être humain a la taille d'un globule rouge, 7 µm. Ce choix de mise en scène correspond d'une part à un point de référence, permettant de fixer le regard et d'établir une sorte d'élément de repère dans le paysage sanguin, d'autre part à une nécessité du voyage lui-même, à savoir la possibilité de se faufiler dans un capillaire.

Naturellement, une étrange poétique de l'espace se dessine ici. Nous sommes placés d'emblée dans un monde miniature, ou, mieux encore, pour reprendre les analyses de Gaston Bachelard, nous sommes dans « l'immensité intime »[22]. En ne peut que se remémorer le commentaire qu'il fait de ce vers de Jules Supervielle, « Habitants délicats des forêts de nous-mêmes », où cette curieuse forêt apparaît comme un lieu et une métaphore du soi, tout en profondeur, intimité et clair-obscur[23]. Même s'il veut surtout décrire comment l'immensité diffuse une sensation d'intimité, la figure inverse, allant de l'intime pour en déployer une sensation d'immensité, est tout aussi patente. Plus que l'analyse des connotations symboliques du petit, du trésor, du caché (présente dans le chapitre que G. Bachelard consacre à la miniature), c'est à la dialectique de l'immensité intime que *Le Voyage fantastique* ressort. Il tranche avec toute isomorphie ordinaire entre le macro et le microcosme, et le dépaysement, plus que l'inquiétante étrangeté, est lié précisément à cet an-isomorphie. Ce qu'on découvre d'un « soi » vu comme un monde, c'est une intimité immense, une « forêt » ou un « labyrinthe » pour reprendre des métaphores classiques, ou encore, plus littéralement, un vaste micromonde où tout diffère : décor, acteur, drame et accessoires. En passant au petit, on n'accède pas à la miniature mais à un ailleurs dont les liens avec notre lieu ordinaire ne pas les traits d'un univers lilliputien mais les bruits, les couleurs du corps, la connaissance et la cartographie savantes. L'habitant que rencontre un homme de 7 µm, ce n'est pas un anthropomorphe, même déformé, mais un globule rouge.

---

[22]Bachelard (Gaston) : *La Poétique de l'espace*, chap. VIII.
[23]*Ibid.*, chap. VIII, p. 171.

L'univers aquatique

Premier élément du dépaysement, à l'inverse de notre monde, le micromonde du sang est un univers aquatique. Voici quelques éléments de dialogues significatifs :

> C'est un océan de vie ![24] (Pr Duval)
>
> Il y a un courant, un remous ![25] (Cap. Owens, passage de la fistule artério-veineuse)
>
> On dirait la mer à l'aube.[26] (Grant)
>
> Commandant, on est pris dans des algues ! — Ce sont des fibres réticulaires.[27] (échange entre Grant et le Dr Michaels)

Nous ne sommes pas dans un paysage terrestre mais dans un paysage marin, dans le grand style inauguré par Jules Verne dans *20.000 lieues sous les mers*, avec son Nautilus (dont Richard Fleischer avait déjà fait une adaptation cinématographique). La mise en scène est révélatrice : sous-marin, combinaison de plongée, « algues », tout ceci reprend le choc des documentaires du Commandant Cousteau et de son *Monde du silence* (1956, Palme d'Or à Canne). En somme, remis dans le contexte de l'époque, l'étrangeté merveilleuse du monde sous-marin avait à peine fini de se révéler à tous que *Le Voyage fantastique* en reproduisait l'émerveillement, comme un redoublement, à ceci près qu'il ne s'agissait plus d'une exploration des profondeurs océanes mais de l'intimité corporelle.

Naturellement, en termes de connotations symboliques, passer de l'aérien à l'aquatique joue sur un réseau d'associations symboliques. La plus évidente est la relation à la vie : « C'est un océan de vie ! » dit le Pr Duval. Cette formule, qui, scientifiquement, n'a guère de sens, correspond en fait étroitement à l'eau symbolique, telle qu'elle est par exemple explicitée par Mircea Eliade : à la fois symbole cosmique de vie et remède puissant, car « dans l'eau réside la vie, la vigueur et l'éternité »[28], mais c'est aussi la source d'une profusion fantasmagorique : « les dragons, les serpents, les coquillages, les dauphins, les poissons, etc., sont des emblèmes de l'eau ; cachés dans

---

[24]Fleischer (Richard) : *Fantastic Voyage*, Twentieth Century Fox, 1966, 00h37m40s.
[25]*Ibid.*, 00h39m40s.
[26]*Ibid.*, 01h06m51s.
[27]*Ibid.*, 01h08m43s.
[28]Eliade (Mircea) : *Traité d'histoire des religions*, ch. V, § 63, p. 169.

les profondeurs de l'Océan, ils sont infusés par la force sacrée de l'abîme »[29].

Ces deux sens sont bien présents dans l'exclamation du Pr Duval : extase devant la vie, émerveillement devant les formes variées qu'elle engendre dans ses profondeurs. L'eau est ici d'autant plus vie[30] que le sérum est un liquide physiologique. Il ne s'agit donc aucunement d'un désenchantement, mais d'une nouvelle figure du merveilleux, associant une vision scientifique et une mise en scène, une rêverie. Pour reprendre les analyses de Maurice Renard sur le genre science-fiction, il s'agit de déployer *à la fois* des effets de sciences et des effets de merveilleux. Plus particulièrement ici, nous avons affaire à un récit construit à partir du troisième artifice qu'il a répertorié : « appliquer des méthodes d'exploration scientifique à des objets, des êtres ou des phénomènes créés dans l'inconnu par des moyens rationnels d'analogie et [...] par des présomptions logiques »[31]. L'analogie est aisée à établir : le paysage à l'échelle du globule rouge est analogue au paysage sous-marins à notre échelle. Cette analogie produit à la fois familiarité et étrangeté, c'est à dire un effet exploratoire, une *aventure*.

L'eau, c'est la vie, mais c'est aussi le lieu d'une apesanteur, d'une suspension, d'une légèreté. Etre plongé dans l'élément liquide n'est pas équivalent au ballottement sur la mer. Le corps en est suspendu, et cette délivrance de la tension de verticalité, pour reprendre les analyses de G. Durand, suspend peu ou prou une part de la tension existentielle humaine[32] en mettant entre parenthèses la peur de la chute et les réflexes posturaux. Il ne s'agit pas ici de régression fœtale ou d'une rêverie du cocon utérin, mais d'une situation intermédiaire entre la lutte posturale terrienne et la transcendance du rêve de vol[33].

Plus finement, la situation n'est pas sans évoquer les premières analyses du régime nocturne de l'image chez G. Durand. Tout commence par une descente, une conversion vers le monde chthonien des profondeurs, puis il souligne le fait qu'il s'agit d'une image d'emboîtement, d'une image du « dedans » à laquelle s'associe des rêveries lilliputiennes, ou des images d'emboîtements

---

[29] *Ibid.*, ch. V, § 70, p. 179.
[30] Chevalier (Jean), Gheerbrant (Alain) : *Dictionnaire des symboles*, art. « Eau ».
[31] Renard (Maurice) : « Du roman merveilleux-scientifique et de son action sur l'intelligence du progrès », p. 1208.
[32] Durand (Gilbert) : *Les Structures anthropologiques de l'imaginaire*, Introduction, pp. 46-51.
[33] Bachelard (Gaston) : *L'Air et les songes*, ch. 1 : Le rêve de vol.

ichtyomorphes[34]. Il y inclut l'histoire de Jonas dans le ventre de la baleine, elle-même ballottée dans l'océan. La situation du Proteus et de ses hôtes est tout cela à la fois : miniaturisation, emboîtements, omniprésence de l'eau, auxquels on peut ajouter l'aspect cavernicole et labyrinthique.

Labyrinthe et arborescences

Toutefois, une troisième figure complexifie cette perception du décor. Dans une plongée sous-marine, l'élément liquide s'étend en toutes directions, tandis qu'ici il est canalisé. Si, en première approche, le sang est aquatique, il convient de ne pas oublier que voyager dans le corps, c'est avant tout être pris dans une circulation, dans un réseau d'artères, de veines et de canaux lymphatiques. Le corps, perçu de l'intérieur et au micromètre, est à la fois un labyrinthe et une figure dendromorphe dédoublée, qui peut renvoyer à la fois à l'arbre anthropomorphisé ou à l'arbre labyrinthe, comme l'indique G. Durand[35]. Il s'ensuit un redoutable travail de repérage et de cartographie. Le trajet prévu était simple : injectés dans l'artère carotide, le Proteus devait choisir la bonne artériole, puis le bon capillaire pour rejoindre le théâtre de sa tâche – un caillot sanguin dans le cerveau – et ensuite poursuivre le capillaire jusqu'aux veinules et la veine jugulaire. Le trajet sur la carte figurait une sorte d'ascension d'un arbre pour redescendre d'un autre.

Hélas, une fistule artério-veineuse bouleverse cet itinéraire et les oblige à parcourir toute la circulation, jusqu'au cœur, aux poumons, pour remonter vers le caillot. Faisant cela, ce n'est pas à Cl. Bernard qu'on doit ici penser, mais à William Harvey et à son *De Motu Cordis* (1628) qui démontra la grande circulation. Nous ne sommes pas dans l'anatomie au sens habituel, mais dans une anatomie physiologique où la circulation exprime la route, l'accès, le cheminement, et l'aventure.

Les difficultés pour se situer sont telles que l'image du labyrinthe s'impose à l'esprit, un labyrinthe anthropomorphe dont les cinq protagonistes possèdent un jeu de cartes, faites d'après un « relevé stéréotaxique ». Or, la connotation symbolique du labyrinthe comme voyage initiatique, comme épreuve de cheminement vers une vérité intime, vers un sanctuaire intérieur ou vers un trésor sacré est bien

---

[34] Durand (Gilbert) : *op. cit.*, Livre II, Première partie, chap. 1, pp. 225-247.
[35] *Ibid.*, Livre II, Deuxième partie, chap. 2, pp. 395-399.

connu[36]. Associé à la richesse symbolique de la figure de l'arbre[37] (cosmos vivant, axe du monde, médiateur structurant, etc.) et à celle de l'*ouroboros* de la circulation sanguine, une curieuse association se forme, qui serait presque surabondante si le discours scientifique prosaïque lui laissait le champ libre. Dans *Le Voyage fantastique*, cela reste en arrière-plan, présent mais discret.

Le sang, milieu composite

En fait, le volonté de « faire science » prend le pas par la galerie d'objets qui sont donnés à voir. Bien dans le caractère hybride d'un tel film, il s'agit plus d'une sorte de cabinet des curiosités à la mode 1966 que d'une revue scientifique. Nous rencontrons de curieux globules rouges (d'allure assez molle et inconsistante), des cellules épithéliales, des cellules pulmonaires (aussi légères que des ballons), des fibres réticulaires dans les ganglions, de fines cellules ciliées et des cellules de Hensen, de curieux bâtonnets volants, collants, au nom d'anticorps, et en guise d'apothéose, le spectacle des étincelles parcourant les cellules neuronales, ainsi que le menaçant globule blanc (marbré de violet).

D'un côté, nous sommes bel et bien dans le paradigme bernardien du sang composite, complexe, milieu intermédiaire où circule sans cesse des vecteurs multiples. D'un autre, la mise en image dépasse sans cesse les microscopies scientifiques pour puiser dans le symbolique. Deux exemples suffisent à le montrer. Le premier concerne ces curieux anticorps assaillant Cora Peterson : leur façon de se déplacer n'a rien de scientifiquement plausible car ils avancent comme des avions rapides. En revanche, ce déplacement est symboliquement plausible, comme si ces entités « sentaient » l'intrus et, telles des chiens en meute, lui donnaient la chasse. Le second est plus évident encore : comment croire un instant que les axones des neurones sont parcourus d'étincelles ?

---

[36]Chevalier (Jean), Gheerbrant (Alain) : *Dictionnaire des symboles*, article « Labyrnthe », p. 555.

[37]Cf. Cirlot (Juan Eduardo) : *Dictionary of Symbols*, London, p. 347 : « In its most general sense, the symbolism of the tree denotes the life of the cosmos: its consistense, growth, proliferation, generative and regenerative processes. » On voit ainsi comment la symbolique de l'arbre entre en résonance à la fois avec les idées de monde et de vie, ce qui rejoint la figure dendromorphe du système artério-veineux.

Pourtant, la symbolique rend l'image familière, le symbole le plus courant de la pensée étant la lumière[38]. Qui plus est, comme M. Renard, le réalisateur a su préserver et mettre en image le mystère du cerveau en évitant une lumière uniforme ou somptueuse au profit de milliers d'étincelles, sorte de feux follets de la conscience se détachant sur un fond sombre : la psyché dans son clair-obscur. Ainsi, cette iconographie garde le style assez kitsch des années 1960, mais en même temps elle ne cesse d'utiliser les connotations symboliques traditionnelles et de les marier aux rêveries sur la science, qui n'est jamais absente.

La chimie

Dernier point, la référence à la chimie est, là encore, dans la lignée de la physiologie du milieu intérieur. Le passage du film le plus évocateur est sans doute le moment où le sous-marin, immobilisé dans un capillaire pulmonaire, se réapprovisionne en air. Les passagers observent le changement de couleur des hématies, du bleu au rose, ce qui donne lieu à une petite leçon de chimie sur le rôle de l'hémoglobine. En voici le dialogue, opposant le Dr Michaels et Dr Duval :

Dr Michaels :	Nous sommes dans un capillaire.
Cap. Owens :	La paroi est transparente !
Dr Michaels :	Ce tissu a moins d'un millième de millimètre d'épaisseur et il est poreux.
C. Peterson :	Docteur, rendez-vous compte : nous sommes les premiers humains à réellement voir ce spectacle !
Dr Duval :	Les Phénomènes Vitaux !
Mr Grant :	Vous ne voulez pas m'expliquer un peu ce qui se passe ?
Dr Michaels :	Oh, c'est un simple échange, Mr Grant. Les globules libérant l'acide carbonique se rechargent en oxygène arrivant de l'autre côté.
Grant :	En quelque sorte, ils font le plein !
C. Peterson :	L'Oxygénation !
Dr Duval :	Nous savons que cela existe bien que personne ne l'ai jamais vu [...]. Mais aujourd'hui, nous le voyons. Nous voyons un des miracles de l'univers : le mécanisme d'un cycle respiratoire !

---

[38] Chevalier (Jean), Gheerbrant (Alain) : *op. cit.*, article « Lumière », pp. 584-589.

> Dr Michaels : Je n'appellerai pas cela un miracle. Ce n'est qu'un simple échange gazeux. C'est le produit final de cinq cent millions d'années d'évolution.
>
> Dr Duval : Vous n'allez pas affirmer que ceci n'est qu'accidentel, que ce n'est pas l'œuvre d'une intelligence suprême ![39]

Le Voyage fantastique, vecteur pédagogique et metteur en sens

En somme, s'il existe bel et bien un aspect merveilleux dans *Le Voyage fantastique*, il faut reconnaître qu'il se développe sur le terrain d'un paradigme scientifique bien précis, celui du milieu intérieur. Nous n'avons nullement affaire à des artifices magiques se présentant comme tels, mais à une mise en fiction s'efforçant de respecter le soucis de vraisemblance (ce qui correspond aux exigences du genre « science-fiction »[40]). En projetant le regard dans le microcosmique, en adoptant un décor aquatique, en reprenant les figures du labyrinthe dendromorphe du réseau artério-veineux, en montrant la faune et la flore composite de ces lieux, et en évoquant l'arrière-plan, rapproché, de la chimie, ce film à grand spectacle est un reflet assez pertinent de la « vision » bernardienne du milieu intérieur.

Plus précisément, la mise en spectacle brise la difficulté à adopter cette vision. Alors que pour les contemporains de Cl. Bernard, elle était contre-intuitive et déroutante, elle devient dans le film évidente bien qu'exotique. Vis-à-vis du paradigme du « milieu intérieur », *Le Voyage fantastique* est un outil pédagogique, au sens où il aide à surmonter un obstacle épistémologique. Pour être plus précis, on peut reconnaître ici deux des obstacles épistémologiques identifiés par G. Bachelard, l'obstacle de l'expérience première et l'obstacle substantialiste. Vis-à-vis de l'expérience première, il est déroutant de penser le corps comme un milieu aquatique et labyrinthique ; le film nous familiarise avec cet état de fait. Vis-à-vis de l'obstacle substantialiste, voici ce qu'écrivait G. Bachelard pour le décrire : « Ce qui est occulte est enfermé. En analysant la référence à l'occulte, il est possible de caractériser ce que nous appelons le mythe de l'intérieur, puis le mythe plus profond de l'intime. »[41]

---

[39] Fleisher (Richard) : *op. cit.*, 00h53m00s.
[40] Cf. Langlet (Irène) : *La Science-fiction – Lecture et poétique d'un genre littéraire*, pp. 24-29.
[41] Bachelard (Gaston) : *La Formation de l'esprit scientifique*, ch. VI, II, p.98.

Or, précisément, l'un des effets du film est la suppression de l'occulte du corps, du corps comme bloc surnaturel d'intériorité impénétrable. Cependant, contrairement à ce qu'affirme Gaston Bachelard, il ne s'agit pas de supprimer la consonance mythique mais de la transformer. Le voyage du Proteus installe son propre mythe, sorte de navire Argo des contrées intérieures du corps. En ceci il est précisément une *pédagogie* : une façon de transmettre le savoir en l'intégrant dans une forme adaptée, celle du récit, avec la pression de l'intrigue et les ressorts fantastiques allant de pair.

En effet, si le film parvient à cet effet pédagogique de transmission des conceptions bernardiennes, ce n'est pas sans puiser dans toute une imagerie symbolique qui aide à rendre la vision visible en apportant des vecteurs sémantiques implicites. On sait par exemple que nous sommes dans le cerveau du fait même de la présence des étincelles, ou que les anticorps chassent les éléments indésirables du fait de leur comportement, ou encore que nous sommes dans les poumons du fait du décor de cellules ballonnées, ou enfin que les hématies se rechargent du fait qu'elles perdent leur couleur sombre pour accueillir cette couleur à la symbolique plus que positive qu'est le rose.

En même temps, il est aussi possible de percevoir le cheminement inverse, à savoir, non plus l'utilisation du symbolique pour la pédagogie scientifique, mais l'utilisation du scientifique pour une pédagogie symbolique. En effet, en 1966, la vision bernardienne était déjà bien acceptée et reconnue culturellement. Ce qui manquait encore, c'était, pour notre esprit symbolique, une mise en images de la chose, un cadre symbolique permettant de s'approprier humainement le savoir et de faire sien le milieu intérieur. Or, à l'échelle d'une société, ceci ne peut être obtenu ni par un cours de chimie du sang ni par un effort d'herméneutique philosophique, mais par un récit qui devait au plus près ressembler à un mythème mettant en place de nouveaux archétypes, de nouvelles associations symboliques s'intégrant dans le réseau symbolique ordinaire et le remaniant en partie du même coup. Le succès du film ne tient pas seulement à la qualité du spectacle et des scènes d'action, mais aussi et surtout à la mobilisation de l'imaginaire qu'il suscite. Plonger dans le corps, au sens littéral, fait déjà rêver, mais quand ce rêve opère des conjonctions entre des figures archétypiques et des éléments de savoir en voie de popularisation, il acquiert une sorte de capacité à frapper les esprits, ce qu'on peut appeler une *vision*.

Naturellement, il ne convient pas pour autant d'idéaliser ce film. Il comprend bien des maladresses symboliques et bien des erreurs scientifiques, mais pour autant, culturellement, il a joué un rôle clef, renforcé par les deux versions littéraires d'Isaac Asimov[42], qui forment en quelque sorte les récits précurseurs vis-à-vis de la science-fiction nano-bio-technologique des années 1980, par exemple celle de Greg Bear[43].

Conclusions

En premier lieu, il semble raisonnable de dire qu'à partir du *Voyage Fantastique* l'intérieur du corps a désormais sa vision, une vision certes exotique, mais qui n'est plus ténébreuse, effrayant et morbide, pour reprendre la citations initiale de Gilbert Durand. Il s'agit d'une vision complexe, avec ses paysages propres, ses entités spécifiques, ses règles structurales aquatiques et labyrinthiques, et son échelle micro- ou nano-métrique.

En second lieu, force est de constater que cette vision se nourrit à la fois de données empiriques et de mises en scène artistiques, à la fois de science et de fiction. De plus, elle n'est pas figée, mais orientée dynamiquement : c'est une exploration, une aventure, une pluralité de tentatives pour explorer les résonances proches et les retentissements humains profonds, pour reprendre les termes de G. Bachelard[44], en associant toujours, comme le soulignait il y a près d'un siècle M. Renard, les effets de sciences et les effets de merveilleux, le corps en chantier de la science et le corps enchanté du merveilleux.

En troisième lieu, vis-à-vis de l'opposition par laquelle nous avions commencé, opposition entre le « corps moelleux de l'aventure intérieure » et « l'intériorité ténébreuse et sanglante du corps » (G. Durand), ou vis-à-vis, plus largement, de l'opposition entre corps vécu et corps anatomisé, on peut remarquer que cette nouvelle vision de l'intériorité corporelle marque un pas vers le « corps moelleux » en ceci qu'il s'agit d'un corps vivant et d'un corps éclairé. En même temps, il ne s'agit que d'un pas. Cette vision du corps est toujours un

---

[42] Asimov (Isaac) : *Fantastic Voyage*.
 Asimov (Isaac) : *Le Voyage fantastique*.
 Asimov (Isaac) : *Destination cerveau*.
[43] Bear (Greg) : « Le chant des leucocytes ».
 Bear (Greg) : « Blood Music ».
 Bear (Greg) : *La Musique du sang*.
 Bear (Greg) : *Blood Music*.
[44] Bachelard (Gaston) : *La Poétique de l'espace*, Introduction, p. 6.

oubli du corps senti et du corps propre de la gestuelle. Avec des textes plus contemporains, comme *Blood Music* de Greg Bear[45], c'est un autre pas qui s'accomplit, un pas où l'intériorité corporelle n'est plus seulement contemplée et visitée, mais aussi restituée dans sa dimension sensible et active.

---

[45] Bear (Greg) : « Le chant des leucocytes ».
Bear (Greg) : « Blood Music ».
Bear (Greg) : *La Musique du sang*.
Bear (Greg) : *Blood Music*.

Chapitre 2

De Claude Bernard
à *La musique du sang* de G. Bear :
Voir et savoir l'intérieur du corps

Ce texte a été précédemment publié sous cette référence :

> Goffette Jérôme (2008) : « De Claude Bernard à la science-fiction : sciences et visions de l'intériorité du corps », *Alliage*, n° 62 « Micro & Nano », 2008, pp. 109-121.

> Plus au fond de l'être, il existe un domaine obscur, lieu d'un vécu corporel irreprésentable, abandonné par le savoir. Lieu intouché, intouchable, hors du temps et de la matérialité, pourtant fond sur lequel s'édifie la parole. Entre ciel et terre, l'homme fixe son corps, et s'essaie inlassablement à le peindre de ses mots, de ses images et de ses textes. Les images qu'il propose ouvrent de larges perspectives jusqu'aux extrêmes horizons de la matérialité. Le regard y trouve-t-il alors les issues désirées ?[46]
> Christine Durif-Brucker : *Une Fabuleuse machine*, p. 197.

L'enquête anthropologique de Christine Durif-Bruckert sur les savoirs ordinaires de l'intériorité du corps donne à voir une représentation curieuse. Les organes y forment un patchwork constellé de volumes et de lacunes, sur lesquels se superposant des forces et des flux :

> Ça circule beaucoup à l'intérieur du corps : des liquides surtout, beaucoup de sang, de l'eau, mais aussi des influx, des énergies sanguines ou nerveuses.[47]

Sans préjuger de cheminements historiques longs et complexes, il est plausible de penser qu'une telle double vision existait déjà dans l'Antiquité, où les théories humorales du corpus hippocratique devaient côtoyer les corps ouverts des champs de bataille ou des animaux de boucherie découpés. Les délicates harmoniques d'une

---

[46] Christine Durif-Brucker : *Une fabuleuse machine*, p. 197.
[47] *Ibid.*, p. 37.

médecine d'imagination télescopaient déjà, sans doute, la réalité horrifique de l'effraction contre-nature des corps.

Par la suite, en Occident, l'une des fractures historiques les plus importantes fut probablement, pour la culture médicale mais aussi populaire, la diffusion du *De humani corporis fabrica* (1543) d'André Vésale. L'image anatomique imposa sa description effrayante : un corps sans sensation et sans intimité, un corps purement visuel, un corps démembré et décomposé, un corps saisi comme un composite de masses inertes que l'anatomiste enlève une à une, en pelure d'oignon, jusqu'à l'image funèbre du squelette. Cette représentation savante dut heurter de plein fouet les savoirs ordinaires du corps, faits de sensibilité immédiate, de fonctionnements fluides ou contrariés, d'intimité tiède et douce, de forces vives et d'intégrité vitale. Ce corps-là ne pouvait s'accommoder du nouveau langage médical de la Renaissance, si restrictif pour ne pas dire réducteur. Il n'est pas étonnant de voir ainsi les théories humorales toujours évoquées de nos jours, avec ses idées de « trop » ou de « trop peu », son souci des déséquilibres qu'on ne retrouve plus guère, dans la médecine savante actuelle, qu'en matière de nutrition et d'hormones. Pourtant, la vision médicale de l'intérieur du corps, depuis deux siècles, même si elle s'appuie sur un corps objectivé et chiffré, n'est plus vraiment anatomique. L'examen au microscope, la radiographie, l'échographie ou le scanner ouvrent à des visions physiologiques et non des dissections, des visions vivantes et non mortes, des visions obtenues par le troisième œil d'un appareil qui vous touche à peine, plutôt que par la blessure tranchante du scalpel.

Sur cet arrière-plan historique d'affrontement d'un regard extériorisant et d'un vécu intérieur, intime, nous voudrions ici étudier l'irruption historique de la vision intérieure physiologique, tout particulièrement la théorie du milieu intérieur de Cl. Bernard et les représentations qui en sont proches, par exemple en science-fiction. Le film *Fantastic Voyage* (1966) de Richard Fleischer marque sans doute un tournant par sa très large diffusion, comme nous l'avons souligné dans un article récent (Goffette, 2008 à paraître). Plus récemment, *Blood Music* de Greg Bear (1985), quoique moins médiatisé, montre que cette aventure des visions se poursuit, non plus à l'échelle du micromètre, mais désormais du nanomètre. A cet égard, les nanotechnologies contemporaines et la « convergence NBIC » se construisent autant sur un travail imaginaire de fabrications de visions que sur un travail scientifique d'élaboration biomoléculaires, comme si la science, ou plutôt la politique de la science, n'hésitait plus à marier le rêve et la recherche[48].

Claude Bernard, une révolution du regard

C'est en 1867 que l'expression « milieu intérieur » apparaît dans une publication de Cl. Bernard, le Rapport sur les progrès et la marche de la physiologie générale en France. Toutefois, l'idée directrice était déjà présente dans un cahier de note dès 1851, comme l'a remarqué Mirko Grmek[49]. A cette date, Cl. Bernard s'interroge déjà sur le regard classique, extérieur, du naturaliste. Le physiologiste n'apprend que peu de choses par le regard extérieur porté sur un spécimen. De cela découle la nécessité d'une démarche centripète pour établir le lien entre l'extérieur et le cœur de l'individu, à savoir les cellules. De ce premier constat s'ensuit une interrogation sur ce qui fait la relation entre extérieur et intérieur, et le sang apparaît au premier rang.

On sait quel avenir aura ce type d'approche. Elle peut nous paraître aujourd'hui évidente. Pourtant, comme le rappelle M. Grmek, le concept de milieu intérieur mit plusieurs décennies avant d'être peu à peu adopté par la société scientifique.[50]

Plusieurs raisons à cette lenteur peuvent être évoquées, dont certaines concernent le changement de regard ou de vision :

1° l'expression « milieu intérieur » est presque un oxymore car le milieu est plutôt perçu comme ce qui environne, ce qui est extérieur ; il y a donc une difficulté sémantique, voire logique, à assimiler ce concept ;

2° le changement d'échelle, avec cette projection du regard microscopique, produit un phénomène d'irréalité et d'étrangeté : rien, à cette échelle, n'est conforme à nos perceptions ordinaires ;

---

[48]Lors du congrès (Lausanne, août 2006) de la European Association for the Study of Science and Technology (EASST), pas moins de quatre sessions intitulées « Nano Visions : Cultural Frameworks, materialities and imaginations » montraient de façon détaillée que les projets de recherches recourraient à des synopsis écrits par des auteurs de science-fiction aux Etats-Unis, ainsi que l'utilisation de séquences vidéo en images de synthèse, très proches du cinéma de science-fiction contemporain, voire d'animations de jeux vidéo.

[49]Grmek (Mirko) : *Le Legs de Cl. Bernard*, pp. 124-125.

[50]*Ibid.*, p. 168.

3° ce n'est plus un univers aérien et terrestre que nous observons, mais un univers aquatique, à une époque où Jules Verne n'avait pas encore écrit *20.000 lieues sous les mers* (1869)[51] et où le Commandant Cousteau et son *Monde du silence* (1956)[52] n'avaient pas encore montré l'étrange merveille du monde sous-marin ;

4° ce n'est pas non plus un univers de perspectives, avec la profondeur de champ habituelle, mais un espace contourné, tout en labyrinthes et arborescences ; il n'y a pas ici d'horizon, mais des corridors compliqués ;

5° le sang, qui nous apparaît comme un liquide rouge, homogène, se révèle à cette échelle plutôt composite et hétérogène, avec ses hématies, ses leucocytes, ses métabolites, etc.

6° la clef de compréhension de cet univers est certes celle de la physiologie, mais d'une physiologie biochimique où l'essentiel est échanges et réactions chimiques ;

7° enfin, il s'agit d'un curieux milieu, puisqu'il est produit par les cellules qu'il environne, avec un jeu de relations inaccoutumées (Grmek, 1997, p. 155)

Pris dans sa globalité, cette théorie du milieu intérieur est une perception contre-intuitive du vivant. C'est une invitation à une vision nouvelle :

> Nos tissus ne reçoivent pas plus l'influence de l'air que les poissons. Nos tissus sont aquatiques comme les poissons. [...] Si nous pouvions être un globule de sang, nous verrions que les propriétés de chaque tissu sont en rapport avec le milieu sanguin, mais nous n'y sommes pas.[53]

« Si nous pouvions être un globule de sang, nous verrions... » : transposition du regard qui se heurte à l'inhabituel. A cet égard, voici quelques mots de la note qu'il rédige en 1867 en réaction à un compte-rendu du Figaro :

> [Dans] une science du milieu intérieur [...] nous sommes dans l'organisme comme nous sommes dans le monde [...]. Cette science [...] est la physico-chimie de l'être vivant. [...] C'est là une science nouvelle, sur laquelle il faut que je médite et que je réfléchisse encore — mais je suis dans le vrai. Seulement, il faut faire accepter la chose.[54]

---

[51] Verne (Jules) : *20 000 lieues sous les mers*, Paris, Hetzel, 1869.
[52] Cousteau (Jacques-Uves), Malle (Louis) : *Le Monde du silence*. Palme d'Or du Festival de Canne. Oscar du meilleur film documentaire.
[53] Grmek (Mirko) : *op. cit.*, p. 139.
[54] *Ibid.*, p. 169.

« Nous sommes dans l'organisme comme nous sommes dans le monde » : transfert analogique du regard avec une construction en abîme où la cellule a elle-même son propre milieu baignant ses organites[55].

De façon plus large, on peut souligner ici que le changement de regard opéré par Cl. Bernard ne fait pas irruption dans l'histoire comme un ovni, mais plutôt comme la maturation d'un lent cheminement préalable, faisant suite aux micrographies de Robert Hooke[56], à la description du globule rouge par Jan Swammerdam et du spermatozoïde par Antoni van Leeuwenhoek, si bien que, face aux effractions anatomiques, il existait déjà les prémisses d'une vision « intime », même s'il ne s'agit pas encore du « milieu intime » de Cl. Bernard[57].

L'événement du *Voyage fantastique*

Dans l'histoire de la popularisation de cette vision, il paraît important d'indiquer le film à grand spectacle de Richard Fleischer, *The Fantastic Voyage*, réalisé en 1966. Le film reçut deux Oscars et donna lieu à un best-seller d'Isaac Asimov, ainsi qu'à une série animée diffusée sur ABC-TV de 1968 à 1970. Il marque sans aucun doute une inflexion dans les représentations collectives, car ce qui relevait de la représentation savante et abstraite devint soudainement un territoire d'aventures, sans être encore un lieu commun. Un remake, par le réalisateur hollywoodien Roland Emmerich (*Stargate*, *Independance Day*, etc.) est annoncé pour 2009, laissant à penser que la puissance évocatrice du film n'est pas éteinte.

Bien que le scénario souffre de l'effet « guerre froide », l'aspect spectaculaire, visionnaire, ne s'en trouve pas affecté. La mise en scène, le décor, les effets spéciaux font passer au premier plan la découverte du corps « de l'intérieur », tout en mêlant soucis de véracité scientifique et mise « en sens » symbolique.

Le scénario commence par la réussite, par les Etats-Unis, de l'exfiltration d'Union Soviétique d'un physicien de génie. Malheureusement, l'opération ne s'est pas faite sans mal et le savant

---

[55] Grmek (Mirko) : *op. cit.*, p. 158.
[56] Hooke (Robert) : *Micrographia*.
[57] Grmek (Mirko) : *op. cit.*, p. 154.

est dans le coma, du fait d'un accident vasculaire cérébral traumatique. Les moyens médicaux sont impuissants. Décision est prise de recourir à une innovation secrète, la miniaturisation. Un équipage de cinq personnes dans un sous-marin est miniaturisé, puis injecté dans l'artère carotide, pour réduire le caillot sanguin à l'aide d'un fusil laser. Le périple connaît de nombreux rebondissements (trajet modifié, traîtrise d'un membre, manque d'oxygène, etc.), et la réussite survient in extremis.

On retrouve dans ce film les caractéristiques de la vision bernardienne :

1° l'obstacle sémantique de l'oxymore « milieu intérieur » est surmonté par la mise en scène de l'injection : l'équipage est dans le corps, l'intériorité corporelle du savant devenant son milieu ;

2° le changement d'échelle est réalisé par une miniaturisation en deux temps, réduisant les aventuriers d'un facteur mille par deux fois ; la mesure de l'homme, pour eux, est de 7 µm – la taille d'un globule rouge ;

3° l'aspect aquatique est souligné à l'envi, avec la mise en scène d'un sous-marin, de combinaisons de plongée, dans un décor d'analogues d'algues, de remous, de choses en suspension qui ne sont pas sans rappeler le Monde du silence de Cousteau, tourné dix ans plus tôt ;

4° l'apparence labyrinthique et arborescente est immédiate, avec la nécessité de « cartes stéréotaxiques » et la complication du voyage qui doit suivre la circulation sanguine au travers du réseau veineux, du cœur, de la petite circulation vers le poumon, puis du réseau artériel : chaque embranchement est un choix parmi des voies divergentes ;

5° l'aspect composite du sang est d'emblée manifeste, par la présence de globules rouges, puis d'anticorps et de globules blancs ;

6° et 7° concernant les deux dernières caractéristiques, le film est moins expressif; la biochimie du sang se limite à l'échange gazeux des globules rouges au niveau du poumon, avec le passage du bleu au rose, et le milieu n'apparaît pas vraiment comme un produit de l'organisme.

Fantastic Voyage, de Richard Fleischer, 1966

En fait, le film associe étroitement vision scientifique et vision symbolique, l'une venant renforcer l'autre. Par exemple, on retrouve dans cette aventure l'archétype de « l'immensité intime » explicité par Bachelard[58], l'association symbolique de l'eau et de la vie[59], l'archétype du labyrinthe dendromorphe comme cheminement vers une vérité occulte[60] ou encore l'analogie lumière-pensée qui nous fait voir les neurones parcourus d'étincelles[61].

En somme, s'il existe bel et bien un aspect merveilleux dans Le voyage fantastique, il faut reconnaître qu'il se développe sur le terrain d'un paradigme scientifique bien précis, celui du milieu intérieur. Nous n'avons nullement affaire à des artifices magiques se présentant comme tels, mais à une mise en fiction s'efforçant de respecter le soucis de vraisemblance (ce qui correspond aux exigences du genre « science-fiction »), si bien que ce film à grand spectacle est un reflet assez pertinent de la « vision » bernardienne du milieu intérieur.

Plus précisément, la mise en spectacle brise la difficulté à adopter cette vision. Alors que pour les contemporains de Cl. Bernard, elle était contre-intuitive et déroutante, dans le film elle devient évidente, bien qu'exotique. Vis-à-vis du paradigme du « milieu intérieur », *Le Voyage fantastique* est un outil pédagogique, au sens où il aide à surmonter un obstacle épistémologique. Pour être plus précis, on peut reconnaître ici deux des obstacles épistémologiques identifiés par G. Bachelard : l'obstacle de l'expérience première et l'obstacle substantialiste. Vis-à-vis de l'expérience première, il est déroutant de penser le corps comme un milieu aquatique et labyrinthique ; le film nous familiarise avec cet état de fait. Vis-à-vis de l'obstacle substantialiste, voici ce qu'écrivait G. Bachelard pour le décrire :

> Ce qui est occulte est enfermé. En analysant la référence à l'occulte, il est possible de caractériser ce que nous appelons le mythe de l'intérieur, puis le mythe plus profond de l'intime.[62]

---

[58]Bachelard (Gaston) : *La Poétique de l'espace*, ch. VIII.

[59]Durand (Gilbert) : *Les Structures anthropologiques de l'imaginaire*, pp. 46-51.
Eliade (Mircea) : *Traité d'histoire des religions*, chap. V.
Chevalier (jean), Gheerbrant (Alain) : *Dictionnaire des symboles*, art. « Eau ».

[60]Durand (Gilbert) : *op. cit.*, pp.395-399.
Chevalier (Jean), Gheerbrant (Alain) : *op. cit.*, art. « Labyrinthe », p.555.
Cirlot (Juan Eduardo), *Dictionary of Symbols*, p. 347.

[61]Chevalier (Jean), Gheerbrant (Alain) : *op. cit.*, art. « Lumière », pp. 584-589.

[62]Bachelard (Gaston) : *La Formation de l'esprit scientifique*, ch. VI, p. 98.

Or, précisément, l'un des effets du film est la suspension de l'occulte du corps, du corps comme bloc surnaturel d'intériorité impénétrable. Cependant, contrairement à ce qu'affirme G. Bachelard, il ne s'agit pas de supprimer la consonance mythique mais de la transformer. Le voyage du *Proteus* installe son propre mythe, sorte de navire *Argo* de l'intérieur du corps. En ceci, il est précisément une *pédagogie* : une façon de transmettre le savoir en l'intégrant dans une forme adaptée, celle du récit, avec la pression de l'intrigue et les ressorts du fantastique.

Le succès du film ne tient pas seulement à la qualité du spectacle et des scènes d'action, mais aussi à la mobilisation de l'imaginaire qu'il suscite. Plonger dans le corps, au sens littéral, fait déjà rêver, mais quand ce rêve opère des conjonctions entre des figures archétypales et des éléments de savoir en voie de popularisation, il acquiert une sorte de capacité à frapper les esprits – il devient une vision.

Naturellement, pour autant, il ne faut pas idéaliser ce film. Il comprend quelques maladresses symboliques et certaines erreurs scientifiques. Néanmoins, il a sans doute culturellement joué un rôle clef, entre la radiographie déjà connue et les échographies fœtales qui se banalisent à partir des années 1970 (fondation de la European Federation of Societies for Ultrasound in Medicine and Biology : 1972).

Greg Bear et le nanomonde corporel

Cette première œuvre-clef de science-fiction étant rappelée, nous voudrions ici porter l'accent sur la continuation du cheminement de cette vision, en particulier dans la science-fiction contemporaine traitant de nanotechnologies. A vrai dire, le thème des nanotechnologies, dans la littérature d'anticipation ou de science-fiction, est apparu peu ou prou dès les années 1970 et a atteint une certaine maturité dans les années 1980 (Eric Drexler, *Engines of Creation*, 1986 ; William Gibson, *Neuromancer*, 1984 ; Bruce Sterling, *Schismatrix*, 1985, etc.). Aujourd'hui, en science-fiction, ce thème n'est plus l'objet central des intrigues tant il est devenu commun : il fait partie du décor. Plutôt que de survoler ses multiples avatars, il semble préférable de s'attacher à un auteur, Greg Bear, pour le rôle particulier qu'il a joué concernant plus spécifiquement la vision de l'intériorité corporelle.

En 1984, G. Bear publia une nouvelle, « Blood Music »[63] (« Le chant des leucocytes ») qui reçut le prix Hugo. Cette nouvelle se transforma en un roman éponyme, *Blood Music* (*La Musique du sang*)[64], devenu une sorte de classique des bio-nano-technologies. Comme auteur de ce qu'on appelle de la « hard science fiction » (forte information scientifique), G. Bear prend appui sur la biologie comme en témoigne la plupart de ses ouvrages : *Eon, Darwin's Radio* (Prix Nebula 2001), *Darwin's Children*, etc.

Au début du roman, nous sommes conviés à La Jolla dans une start up de biotechnologies nommée Genetron. Par ailleurs, le livre est composé de cinq parties intitulés « Interphase », « Anaphase », « Métaphase », « Télophase » et « Interphase », reprenant quelques unes des étapes de la division cellulaire, la mitose.

Tout commence par les difficultés que rencontre le chercheur Vergil Ulam dans Genetron. Le travail sur les bio-puces à application médicale (BAM) qu'on attend de lui ne le passionne pas ; il le juge dépassé. Il n'hésite pas, à côté, à travailler sur un projet personnel, les « bio-logiques » : une branche plus avancée des bio-puces où il s'agit de construire des ordinateurs organiques autonomes[65]. Son chef y voit une menace pour la réputation de l'entreprise auprès des financiers, et il le somme d'arrêter, sous peine d'être mis à la porte. En apparence, Ulam obtempère, tout en sauvant ses cahiers de laboratoire et le résultat de sa dernière expérience : des leucocytes transformés ayant la capacité intellectuelle d'une souris.

> L'idée d'une cellule intellectuelle lui paraissait toujours merveilleusement étrange. [...] Dès le début, Vergil avait su que ses idées n'étaient ni utopiques ni stériles. Ses premiers mois à Génétron, passés à constituer l'interface silicium-protéine des bio-puces, l'avaient convaincu que les initiateurs de ce projet étaient passés à côté de quelque chose d'évident et d'extrêmement intéressant. Pourquoi se limiter au silicium, aux protéines et à des bio-puces d'un centième de millimètre alors que dans n'importe qu'elle cellule vivante, il y avait déjà un ordinateur en état de marche, pourvu d'une mémoire fantastique ?[66]

De cette intuition était sorti son propre programme de recherche sur des bio-logiques, dont les résultats s'étaient avérés de plus en plus encourageants :

> Le moment le plus effrayant, ce fut lorsqu'il découvrit qu'il n'avait pas seulement créé de petits ordinateurs. Une fois qu'il eut mis en route le

---

[63] Bear (Greg) : « Blood Music ».
[64] Bear (Greg) : *Blood Music / La Musique du sang*.
[65] Bear (Greg) : *La Musique du sang*, p.14.
[66] *Ibid.*, p. 23.

> processus et amorcé les séquences qui combinaient et répliquaient les segments bio-logiques d'ADN, les cellules commencèrent à fonctionner de façon autonomes. Elles se mirent à 'penser' pour elles-mêmes et à développer des 'cerveaux' plus complexes. Les premiers E. coli mutants avaient présenté la capacité d'apprentissage des vers planaires ; il leur avait fait parcourir des labyrinthes simples, en forme de T [...]. Ils avaient bientôt dépassé les planaires. [...] Il avait prélevé les séquences bio-logiques les plus réussies [...] et les avait incorporées à des lymphocytes B [...] tirés de son propre sang. Vergil avait, depuis six mois, 'dressé' les lymphocytes à réagir les uns avec les autres, ainsi que vis-à-vis de leur environnement – un labyrinthe miniature en verre bien plus complexe [...]. Les résultats avaient largement dépassé ses espérances. [...] Chaque lymphocyte de l'échantillon qu'il étudiait avait, en puissance, la capacité intellectuelle d'un singe rhésus. [...] Il ne pourrait pas pousser plus loin le niveau d'apprentissage chimique qu'il leur avait procuré. [...] Il avait reçu l'ordre de les tuer. [...] Ils seraient sacrifiés à la prudence et à la courte vue d'un groupe de planaires aliénés du type cadre. Il se mit à haleter en regardant les lymphocytes s'affairer. Ils étaient beaux. C'étaient ses enfants, tirés de son propre sang, soigneusement nourris, éduqués ; il avait lui-même injecté le matériel bio-logique dans au moins un millier d'entre eux. [...] Comment saurait-il jamais s'ils pouvaient développer toutes leurs potentialités ?
>
> — Pasteur, dit-il à haute voix. Jenner.[67]

Parce qu'il a effacé de l'ordinateur toutes les données de son travail parallèle, Ulam est licencié. En désespoir de cause, comme Pasteur et Jenner, il s'injecte un échantillon avec l'espoir que quelques lymphocytes survivront suffisamment de temps pour qu'il puisse les récupérer ensuite par filtration. Ce faisant, il sait très bien qu'il s'agit pour eux d'un nouveau milieu, sans doute trop exigeant.

L'argent lui manque pour acquérir les moyens de récupérer les lymphocytes modifiés, et ils révèlent une capacité d'apprentissage insoupçonnée, si bien qu'après une phase d'adaptation, ils se mettent à transformer son corps de l'intérieur. Il n'a plus mal au dos, sa peau paraît plus saine, etc. Puis des zébrures et des arrêtes apparaissent sur sa peau, qu'il traite par des UV pour que son corps forme la limite du royaume des lymphocytes.

L'ampleur de la transformation n'apparaît pleinement que lorsqu'il se confie à un ami médecin. Le résultat des examens défie l'entendement :

> Edward fit lentement pivoter l'image, sur l'écran. Il pensa aussitôt à Buckminster Fuller. [...] La colonne vertébrale de Vergil était une cage d'os triangulaires qui tenaient ensemble d'une manière qu'Edward ne pouvait comprendre. [...]
>
> — Tu vois ? dit Vergil. On est en train de me reconstruire de l'intérieur.[68]

---

[67]Bear (Greg) : *La Musique du sang*, pp. 25-26.
[68]*Ibid.*, pp. 82-3.

Après avoir expliqué ce qu'il avait fait, la discussion se poursuit :

> — Alors, tu as des lymphocytes intelligents modifiés, à l'intérieur, qui découvrent des choses et les transforment. [...]
>
> — Et maintenant, chaque amas de cellules est aussi intelligent que toi et moi. [...] Les cellules ont l'habitude de s'empiler dans le milieu nutritif. A peut-être cent ou deux cent. Je n'étais jamais arrivé à comprendre pourquoi. Maintenant, cela me paraît évident. Elles collaborent. [...] Je pense que j'ai perdu du poids parce que les lymphocytes ont amélioré mon métabolisme. Mes os sont plus solides, ma colonne vertébrale a été redessinée... [...] Mais elles n'ont pas encore été se balader du côté de mon cerveau. (Il se tapota la tête.) Elles comprennent tous mes trucs glandulaires. Mais elles n'ont pas l'image globale, si tu vois ce que je veux dire. [...] Et je ne voulais pas qu'elles gagnent le derme. J'en avais vraiment peur. Deux nuits de suite, ça s'est mis à me démanger et j'ai décidé d'agir. J'ai acheté une lampe à [UV]. [...] Si elles franchissaient la barrière cérébrospinale hématique et me découvraient... découvraient la vraie fonction du cerveau...[69]

Ce moment est le second point de bascule du récit. Virgil essaie de penser en se mettant à la place des lymphocytes pour comprendre et maîtriser le phénomène. D'où sa crainte de voir les lymphocytes comprendre le cerveau et intervenir dans ses pensées, voire l'aliéner, et sa crainte de les voir découvrir le milieu extérieur, le monde au-delà de leur univers, le corps.

A partir de ce moment, d'abord par le jeu du savoir et des hypothèses, puis par la communication directe avec les lymphocytes ayant investi son cerveau, nous nous trouvons plongés dans le milieu intérieur. Toutefois, la figure est double : d'un côté l'effort de vision de Virgil pour appréhender ce qui se passe dans son corps, d'un autre la découverte, par les lymphocytes, du milieu extérieur. En quelque sorte il s'agit de la rencontre de deux mondes, de la mise en contact de deux visions.

> — Elles essaient de comprendre ce qu'est l'espace. C'est rudement difficile pour elles. Elles décomposent les distances en [gradient] de produits chimiques. Pour elles l'espace est une gamme d'intensité de goûts. [...] Quelque chose se passe à l'intérieur de mon corps. elles se parlent à l'aide de protéines et d'acides nucléiques, au travers des liquides et des parois. [...] Je suis leur univers. Cette nouvelle échelle de grandeur les étonne. [...] Je suis responsable d'elles. Leur mère à toutes. Tu sais, jusqu'à ces derniers jours, je ne leur avais pas cherché de nom. Une mère doit donner un nom à ses enfants, n'est-ce pas ? [...] J'ai regardé un peu partout... dans les dictionnaires, les manuels. Et puis ça m'est venu brusquement. 'Noocytes'.[70]

La suite du roman conduit à une nouvelle transformation. Les noocytes ont décidé d'explorer le monde, le milieu extérieur, et de le faire leur. Tout le continent américain s'en trouve affecté et tout –

---

[69] Bear (Greg) : *La Musique du sang*, pp. 86-7.
[70] *Ibid.*, pp. 100-6.

humain, animaux, végétaux – s'intègre en un super-organisme, le milieu intérieur envahissant le milieu extérieur et l'incorporant. De plus, dans ce maxi-organisme sont sauvegardées, sous forme nanométrique, toutes les personnalités humaines, dupliquées à plusieurs exemplaires. La plupart des humains, après une phase de frayeur, s'en trouvent heureux. Quelques individus intacts, gardés par le noo-organisme à titre de spécimens, demeurent. Ainsi, le milieu intérieur s'est expansé : le monde est devenu fluide, composite, biochimique, réticulé à l'extrême, un milieu produit. Le roman se clôt avec emphase, quand le super-organisme se tend vers une nouvelle frontière, celle des étoiles, qui ne peut être franchie qu'en manipulant les lois de l'espace-temps.

Greg Bear et le milieu intérieur : nouveaux apports, autres métaphores

Le roman de G. Bear, encore plus que le Voyage fantastique, épouse le paradigme du milieu intérieur tel qu'il s'est enrichi peu à peu. Bien plus que les aperçus rapides de la physiologie et de la circulation sanguine dont se contentait le film, La musique du sang met l'accent sur la physiologie, c'est-à-dire sur la prééminence d'un univers nanométrique, liquide, et surtout biochimique. Le livre de G. Bear ne se contente pas d'évoquer l'oxygénation des globules rouges – une platitude – mais se meut dans les échanges chimiques ou physiologiques : acides nucléiques, protéines, introns, transposons, virus, etc. En donnant littéralement la parole aux cellules, G. Bear nous invite à un exercice d'éthologie pratique, de mise en situation, d'acquisition de ce que peut signifier la vie et le monde pour une cellule :

> Il se fraie un chemin entre les cellules du capillaire – des cellules de soutien qui ne sont pas des noocytes – et va se loger dans la paroi. Maintenant, il attend des données en forme de protéines, d'hormones et de phéromones, de chaînes d'acides nucléiques, peut-être même en forme de cellules *adaptées*, de virus et de bactéries apprivoisées. Il a non seulement besoin de nutriment de base, qu'il peut tirer facilement du sérum sanguin, mais encore de réserves d'enzymes qui lui permettent d'absorber et de traiter les données, de penser. [...] Le sang est une autoroute, une symphonie d'information, d'instruction. C'est un délice de traiter et de modifier le riche bouillon. L'information a elle aussi, une grande diversité de goûts, et c'est comme une chose vivante, susceptible de changer dans le sang.[71]

---

[71] Bear (Greg) : *La Musique du sang*, pp. 266-7.

Ici aussi, comme chez Cl. Bernard et comme dans *Le Voyage Fantastique*, le regard accomplit un changement d'échelle, poussé jusqu'à la dimension nanométrique. Ici aussi, l'univers devient essentiellement aquatique. Ici aussi nous sommes pris dans une spatialisation labyrinthique, dendromorphe. Ici aussi le sang apparaît dans son aspect composite, dans son rôle histologique de distributeur, d'échange, de régulateur. Ici aussi, plus encore que dans le film, la chimie et la biologie moléculaire dominent et saturent l'espace.

Toutefois, *La Musique du sang* introduit quelques éléments nouveaux. En premier lieu, il parvient à traduire un des aspects de la vision bernardienne laissé de côté dans *Le Voyage fantastique* : le corps comme produit par son milieu intérieur. Lorsqu'Ulam commence à se transformer de l'intérieur, ou lorsque le milieu intérieur absorbe le milieu extérieur, le livre indique avec force cette dynamique constructrice du milieu intérieur : les cellules modifiées coordonnent un ensemble d'instructions à l'adresse des cellules ou des organismes ordinaires pour que leurs productions soient plus rationnelle et plus intégrées. Autant qu'un principe de régulation, c'est un principe de production qui devient visible.

Second point, en apparence le roman de G. Bear joue beaucoup moins du merveilleux et du symbolique que le film de R. Fleischer. En fait, il le fait différemment. Là où R. Fleischer reprenait des symboles simples pour les associer comme des éléments, G. Bear utilise un symbole central pour en faire une clef de sa vision. Ce symbole, c'est la parole, le mot, le signe – la « rune » pourrait-on dire. La biologie, depuis le passage de la théorie cybernétique et ses avatars, est sous le charme de la métaphore du langage ou de l'information, et elle en use et en abuse dans son vocabulaire scientifique : on ne cesse d'y parler de « code », de « transcription », de « traduction », de « lettres » (ATGC), d'« information » moléculaire, etc. En mettant en avant une communication cellulaire, une transmission chimique et un échange d'information, G. Bear ne fait que poursuivre cette métaphore. Il en joue pour transformer les éléments techniques en runes, c'est-à-dire en une parole donnant une vérité cachée et fondamentale sur le monde. L'utilisation de cette métaphore, assez banale en science-fiction, est ici assez habile car il ne se contente pas d'une sorte de discours de révélation et d'incantation, mais apporte la vision issue du paradigme du milieu intérieur : on sent le goût des molécules, c'est-à-dire l'appréhension chimique des choses. La saveur est chimique ; elle apparaît donc comme un flux d'informations, un network au sens à la fois de réseau informatique, de réseau médiatique et de réseau de relations :

> Le sang est une autoroute, une symphonie d'information, d'instruction. C'est un délice de traiter et de modifier le riche bouillon. L'information a elle aussi une grande diversité de goûts et c'est comme une chose vivante, susceptible de changer dans le sang.[72]

Conclusions

Cl. Bernard, relayé par des œuvres de science-fiction comme *Le Voyage Fantastique*, ou *La Musique du sang*, a contribué à changer une part de notre vision de l'intériorité corporelle. Vision micro ou nanométrique, vision « du dedans », vision aquatique, vision labyrinthique, vision composite, vision dynamique donnant forme aux distributions, aux régulations et aux constructions, il faut reconnaître une réelle radicalité dans cette représentation vis-à-vis des représentations antérieures du corps. Elle se juxtapose et compose avec ses devancières.

Quelle répercussion a pu avoir cette théorie et ces œuvres sur la vision ordinaire de l'intérieur du corps ? La question est intéressante, mais ne peut trouver une réponse assurée. S'il existait une enquête, datée de la fin du XIXe siècle, avec la même méthodologie que celle de C. Durif-Bruckert, nous aurions des éléments de comparaison solides – mais ce n'est pas le cas. Il n'en demeure pas moins que l'étude des représentations ordinaires du corps intérieur de C. Durif-Bruckert apporte certaines indications. Cette étude anthropologique décrit, à propos de l'organisation du corps et à propos du sang, une vision associant finalement trois grandes caractéristiques :

1° Une représentation circulatoire : « cela circule beaucoup » (p. 37), qui montre à la fois l'assimilation de la circulation de Harvey, mais aussi la permanence de conceptions humorales : « l'hypertendu doit boire de l'eau pour le désépaissir » (p. 49).

2° Une représentation énergétique, qu'il s'agisse de transport d'oxygène, de distribution de nutriments, ou de répartition de forces au sens à la fois psychologique et symbolique : c'est le « coup de sang », les « palpitations inquiétantes dans les tempes », le foie « contrarié » ou « engorgé » (p. 53).

3° Une représentation qualitative (p. 51) où les éléments du corps sont investis d'appréciations, avec une hiérarchie organique. Par exemple, la place du cœur, sous l'influence de la théorie de Harvey, semble désormais plus mécanique et moins

---

[72] Bear (Greg) : *La Musique du sang*, pp. 266-7.

romantique ; c'est « une pompe qui bat régulièrement, c'est bien connu » dit une personne (p. 42), très loin du cœur-âme des représentations antiques. A l'inverse, le cerveau voit croître, dans sa part énigmatique, son statut d'organe au statut supérieur.

Comme on peut en juger, les savoirs ordinaires qu'explicite cette étude paraissent assez loin de la théorie du milieu intérieur de Cl. Bernard, ou même de la vision romancée du Voyage fantastique. Faut-il pour autant conclure à un décalage, à un décrochage entre science et société, à un échec de la mise en image cinématographique comme vecteur pédagogique ? La lecture attentive des citations tirées des entretiens et de l'analyse qui en est faite laisse une impression plus nuancée. Il semble qu'il y ait une tendance à projeter le regard vers l'intérieur, vers les petits éléments, même s'il ne s'agit ni de vision microscopique ou nanoscopique. Il semble aussi qu'il y ait un certain syncrétisme théorique associant régulations, distributions des composants du sang et théories humorales plus anciennes. Il semble enfin, plus largement, que la vision de l'intérieur du corps se soit dégagée des visions anatomiques, horrifiques. En ceci y a-t-il peut-être la trace d'une vision physiologique, où le « trop » et le « trop peu » des théories humorales se marie à la consultation des dosages des prises de sang : le « trop de cholestérol » étant synonyme de « au-dessus de la fourchette de normalité ». En ceci aussi il y a, sans doute, un travail réel qui a été accompli : l'intériorité corporelle n'est plus un royaume obscur et ténébreux que l'on craint, mais un territoire qu'on commence à amadouer. De même, le principe d'intégrité corporelle, d'unité corporelle, paraît s'être un peu assoupli, ouvrant la porte à une intériorité plus modulaire ou plus en composition, avec des jeux d'agencements possibles et une mise à distance d'ensemble.

Enfin, puisqu'une nouvelle version cinématographique du Voyage Fantastique va connaître le jour en 2009, il n'est pas dit que le travail sur les représentations soit arrivé à son terme. Conjuguée à l'entreprise « scopique » multiforme de la médecine, le regard porté sur l'intériorité corporelle est sans doute pris dans un lent mais constant travail de transformation. Les visions de La musique du sang, appartenant aujourd'hui à une culture qui n'est pas ordinaire, ont sans doute un certain avenir devant elles.

Bibliographie

Asimov (Isaac) : *Fantastic Voyage*, New York, Bantam Dell/Random House, 1966.

Asimov (Isaac) : *Le Voyage fantastique*, trad. R. Latour, Paris, Albin Michel, 1972.

Asimov (Isaac) : *Destination cerveau*, trad. M. Lebailly, Paris, Presses de la Cité, 1988.

Bachelard (Gaston) : *La Formation de l'esprit scientifique (1938)*, Paris, Puf, 1993.

Bachelard (Gaston) : *L'Air et les songes*, Paris, José Corti/Livre de Poche, 1943.

Bachelard (Gaston) : *La Poétique de l'espace*, Paris, Puf, 1957.

Bear G. (1983) : « Blood Music », *Analog*, June 1983, Davis Publications, pp. 12-36.

Bear G. (1985) : « Le chant des leucocytes », *Univers 1985*, Paris, J'ai Lu, trad. J. Wintrebert, pp. 11-42.

Bear G. (2002 [1985]) : *Blood Music*, New York, ibooks.

Bear G. (2005) : *La Musique du sang*, trad. M. Lebailly, Paris, Gallimard.

Bernard (Claude) : *Introduction à l'étude de la médecine expérimentale* (1865), Paris, Flammarion, 1984.

Chabot (Hugues), Goffette (Jérôme) : « Maurice Renard sous le double regard de la philosophie des sciences et de la philosophie de l'imaginaire », *Alliage*, n°60, pp. 154-167, 2007.

Chevalier (Jean), Gheerbrant (Alain) : *Dictionnaire des symboles*, Paris, R. Laffont/Jupiter, 1982.

Cirlot (Juan Eduardo) : *Dictionary of Symbols*, London, Routledge / Taylor & Francis Books Ltd, 1971.

Cousteau (Jacques-Uves), Malle (Louis) : *Le Monde du silence*, film documentaire, Filmad/Rank, 1956.

Durand (Gilbert) : *Les Structures anthropologiques de l'imaginaire*, Paris, Dunod, 1992.

Durif-Bruckert (Christine) : *Une fabuleuse machine – Anthropologie des savoirs ordinaires sur les fonctions physiologiques*, Paris, Métailié, 1994.

Eliade (Mircea) : *Traité d'histoire des religions*, Paris, Payot, 1949.

Fintz (Claude) (dir.) : *Les Imaginaires du corps : pour une approche interdisciplinaire du corps*, Tome 1 : Litttérature, Tome 2 : Arts, sociologie, anthropologie, L'Harmattan, 2000.

Fleischer (Robert) : *Fantastic Voyage*, film, Twentieth Century Fox, 1966.

Goffette (Jérôme) : « Le corps saisi de l'intérieur : de Cl. Bernard au *Voyage fantastique* de R. Fleischer », *in* Fintz (Claude) (dir.), *Du Corps enchanté au corps en chantier – Et si le corps mutant nous était conté...*, Paris, L'Harmattan, 2007.

Grmek (Mirko) : *Le Legs de Cl. Bernard*, Paris, Fayard, 1997.

Hooke (Robert) : *Micrographia*, London, Martyn & Allestry, 1665.

Leibniz (Gottfried Wilhelm) : *La Monadologie* (1714), trad. E. Boutroux, Paris, Delagrave, 1880, § 67, p. 180.

Langlet (Irène) : *La Science-fiction – Lecture et poétique d'un genre littéraire*, Paris, Armand Colin, 2006.

Renard (Maurice) : « Du roman merveilleux-scientifique et de son action sur l'intelligence du progrès », *Le Spectateur*, n° 6, octobre 1909, *in* Renard (Maurice) : *Romans et contes fantastiques*, Paris, Robert Laffont, 1990.

Renard (Maurice) : *L'Homme truqué, in* Renard (Maurice) : *Romans et contes fantastiques*, Paris, Robert Laffont, 1990.

Verne (Jules) : *20 000 lieues sous les mers*, Paris, Hetzel, 1869.

www.ingramcontent.com/pod-product-compliance
Lightning Source LLC
Chambersburg PA
CBHW050247230526
45470CB00005B/2153